Zur Abwehr

der

Amerikanifchen Luftheizung!

Von

ERWIN HERZ

Dritte Auflage

München und Berlin
Druck und Verlag von R. Oldenbourg
1911

Vorwort zur zweiten Auflage.

Bereits wenige Monate nach dem Erscheinen der Broschüre: *„Zur Abwehr der amerikanischen Luftheizung"* ist die erste Auflage derselben vollständig vergriffen. Der große und schnelle Absatz wurde in erster Linie dadurch erzielt, daß nicht allein von fast sämtlichen *deutschen* Firmen der Heizungs- und Lüftungsbranche, sondern auch solchen des näher und ferner liegenden Auslandes, namhafte Bestellungen von Firmen einliefen, die teils durch einen Prospekt vom September 1908, teils durch veröffentlichte Inserate von dem Erscheinen betreffender Broschüre Kenntnis erlangt hatten. Neben diesen direkten Bestellungen, für welche den geehrten Abnehmern bestens gedankt wird, gelangte die Broschüre in mehreren tausenden Exemplaren zur kostenfreien Versendung an hervorragendste Bauunternehmungen, Architekten und Baumeister des Deutschen Reiches. Letztere Zustellungen bezweckten, auf die am meisten interessierten Kreise der Baufachmänner rechtzeitig aufklärend einzuwirken, selben eine eigene Urteilsbildung über den wahren Wert der, in der aufdringlichsten Form angebotenen angeblichen *„Neuerung und Verbesserung"* zu erleichtern, und sie — wie deren Interessenten — vor direkten oder indirekten Schädigungen zu bewahren.

Die vorliegenden zahlreichen Anerkennungsschreiben, auch aus den Kreisen der Nichtfachmänner, der rege Bezug der Broschüre durch in- und ausländische Heizungsfirmen, sowie private und öffentliche Zustimmungen zu den — in der Broschüre niedergelegten Anschauungen — von seiten wissenschaftlicher Kapazitäten — haben dem Verfasser bewiesen, daß sein Einschreiten gegen die Weiterverbreitung des „amerikanischen Luftheizungssystems" nicht nur fast ungeteilt gebilligt, sondern als ein zeitgemäßes Bedürfnis zum Schutze erlangter Fortschritte der gesamten Heizungsindustrie empfunden wird.

Damit die bisher durch die Verbreitung der Abwehrbroschüre erlangten Erfolge gesichert bleiben, und um auch für die Folge ein möglichst zugkräftiges Abwehrmittel gegen die Vertreter des *ausländischen, amerikanischen* Systems in der Hand zu haben, hat sich der Verfasser entschlossen, seine im September 1908 erschienene Broschüre in einer neuen Bearbeitung zur 2. Auflage zu bringen, die teilweise formelle Änderungen und textliche, wesentliche Erweiterungen erfahren hat.

Die *formellen* Veränderungen der zweiten, vorliegenden Auflage bestehen darin, daß der gesamte behandelte Stoff in zwei voneinander gesonderte Hauptkapitel, und zwar: A. „*Allgemeines über Luftheizungen* und — B. *Das amerikanische Luftheizungssystem*" getrennt wurde.

Diese Teilung des Broschürentextes wurde vorgenommen, um es dem Leser der Broschüre zu ermöglichen, ohne Schädigung des Verständnisses und des Gesamteindruckes, seine Durchsicht auf die *ganze* Bearbeitung des Stoffes auszudehnen, oder nur auf den zweiten Teil der Broschüre zu beschränken, der lediglich das „amerikanische Luftheizungssystem" behandelt und vorwiegend zur „*Abwehr*" dieses Systems bestimmt ist. —

Eine der hauptsächlichsten *Texterweiterungen* bildet die mehr spezialisierte Beurteilung des amerikanischen Systems vom *hygienischen* Standpunkte aus — und hierbei ein näheres Eingehen auf Lufttemperaturen und Luftmengen, welche ausführlichere Berücksichtigung die 1. Auflage wegen damaligen Mangels authentischer Unterlagen leider vermissen lassen mußte.

So möge denn die zweite Auflage in ihrer gekennzeichneten neuen Gewandung die Wanderung in die Öffentlichkeit antreten und — wie ihr Vorläufer, — gestützt auf das Vertrauen und die Zustimmung aus den Kreisen der Fachleute sowie wissenschaftlichen Kapazitäten — allen Beteiligten zur Aufklärung und zum Schutze vor direkten und indirekten Schädigungen dienen.

DRESDEN im Mai 1909.

Der Verfasser.

Entgegnung auf das Flugblatt.

Kurze Zeit nach dem Erscheinen der 1. Auflage der Broschüre: *Zur Abwehr* „. . . .‟ erhielt der Verfasser einen Einschreibebrief der Firma: Schwarzhaupt, Spiecker & Co., Luftheizungswerke in Frankfurt a. M., aus dem hervorging, daß sich u. a. diese Firma als durch die Broschüre getroffen fühle und — dieselbe eine Klage gegen den Verfasser wegen unlauteren Wettbewerbs eingereicht sowie Antrag auf gerichtliche Beschlagnahme der Broschüre gestellt habe. — Letztere Mitteilungen erwiesen sich als vollständig unwahr, denn selbst nach Verlauf von ca. $\frac{1}{4}$ Jahr — vom Eingange des betreffenden Briefes — ergaben die von dem Rechtsvertreter des Verfassers angestellten Recherchen, daß weder eine Klage gegen denselben, noch ein Antrag auf Beschlagnahme der Broschüre gestellt worden war.

Nachdem der Verfasser zunächst keinerlei Veranlassung fand, auf genannte briefliche, höchst zwecklose Zustellung in irgendeiner Weise einzugehen, veröffentlichte die genannte Firma in verschiedenen Tageszeitungen sowie Fachzeitschriften ein Inserat, durch welches zum Bezuge eines *Flugblattes* aufgefordert wurde, welches die Firma Schwarzhaupt, Spiecker & Co. unter der Bezeichnung: „Erwiderung und Richtigstellung‟ gegen die Person und die Broschüre des Verfassers herausgäbe.

Auch dieses *Flugblatt* hat der Verfasser, da es zu sehr den Stempel des persönlichen Angriffes trug und deshalb von vorurteilsfreier Kritik entsprechend eingeschätzt erschien, bisher vollkommen unberücksichtigt gelassen. — Er würde es auch ferner durchaus nicht als erforderlich, ja unter seiner Würde halten, auf diese sog. „*Erwiderung und Richtigstellung*‟ nur mit einem Worte zu entgegnen, wenn demselben nicht bekannt geworden wäre, daß seine geübte Nachsicht von betreffender Firma zu Propagandazwecken ausgebeutet wird. Es soll deshalb mit dem Nachstehenden auf

5

einige Leitsätze dieses Flugblattes eingegangen und selbe entsprechend richtiggestellt werden:

„Richtig ist es, daß die Herzsche Broschüre, 1. Auflage, sämtlichen Heizungsfirmen zum Preise von 35 Pf. pro Stück zur Verfügung gestellt wurde. — Außerdem aber gelangte selbe zur vollständig *kostenlosen* Versendung an weit über 5000 Architekten und Baumeister des Deutschen Reiches.

Die Phrase: „Verfasser habe sein bestes wissenschaftliches Mäntelchen angezogen, um damit speziell den Architekten und Laien gewaltig zu imponieren", hinkt offenbar nach jeder Richtung und ist nur darauf berechnet, wenig Urteilsfähigen ein geringschätzendes Lächeln abzuringen. — In Wahrheit ist der Verfasser, was demselben von allen Fachleuten übereinstimmend ganz besonders anerkannt wurde, bei der Bearbeitung seines Stoffes bestrebt geblieben, *wissenschaftliche* Ableitungen und Begründungen tunlichst zu vermeiden oder dieselben, wo eine Heranziehung theoretischer Unterlagen nicht vollständig zu umgehen war, in eine derartige Form einzukleiden, daß das erlangte Schlußresultat auch dem weniger sachverständigen Leser kontrollierbar wird. — Überdies brauchen die abstrakten Wissenschaften der Mathematik und Wärmelehre keinerlei Bemäntelungen zu ihren Forschungsresultaten, da sich selbe auf streng logischen Folgerungen aufbauen. — Auch hat der Verfasser keinerlei *selbständige* wissenschaftliche Ableitungen in seiner Broschüre gebracht, sondern die wenigen rechnerischen Nachweise auf Forschungsresultate weit berufener Kapazitäten gestützt, so daß das Gleichnis mit dem „wissenschaftlichen Mäntelchen" *in jeder Hinsicht* sehr wenig entsprechend angebracht erscheint.

Die in dem Flugblatte sowie auch anderwärts aufgenommene Darstellung, es habe der Verfasser seine Broschüre über Veranlassung oder im Auftrage von Hintermännern geschrieben, entspricht durchaus nicht den Tatsachen. Richtig ist vielmehr, daß der Verfasser seine Veröffentlichungen aus eigener Initiative unternommen hat und hierzu durch ein Schreiben der Firma Schwarzhaupt, Spiecker & Co. vom August 1907 herausgefordert wurde, mit welchem demselben bereits damals eine Strafverfolgung angedroht worden war, weil er bei seiner geschäftlichen Tätigkeit Veranlassung hatte, sich unvorteilhaft über das System der amerikanischen Luftheizung auszusprechen.

In den weiteren folgenden Absätzen des Flugblattes versucht es die Firma Schwarzhaupt, Spiecker & Co., die von dem Verfasser *einleitend* gebrachten Erörterungen über das Luftheizungssystem im *allgemeinen* und dessen beobachtete Entwicklungsgeschichte in Deutschland vor 40 bis 25 Jahren dazu zu benutzen, die *Deutsche Heizungsindustrie* auf das schroffste zu *diskreditieren*, indem sie derselben vorwirft, die Anlagen und Ausführungen, die Anordnungen von Heizkammern und der Bau der Heizapparate seien *durchaus schlecht* gewesen. Der Übergang zur Warmwasser- und Dampfheizung sei nicht allein eine Folge der in Deutschland stets höchst mangelhaft hergestellten Luftheizungen gewesen, die durch verkohlten Staub, Mäuse und anderes Ungeziefer verunreinigt wären usw., sondern auf *spekulatives* Betreiben solcher Firmen zurückzuführen, die gerne Warmwasser- oder Dampfheizungen verkaufen möchten, weil sie auf solche Anlagen eingerichtet seien.

Es würde viel zu weit führen, an dieser Stelle auf alle die Anwürfe spezieller einzugehen, mit denen das Flugblatt dieser, das *ausländische, amerikanische* System vertretenden Firma die *hochentwickelte vorbildliche deutsche* Heizungsindustrie überhäuft. — Da es die Firma aber auch hierbei unternimmt, die Konstruktion des verwendeten amerikanischen Heizapparates sowie die Durchführung ihrer Luftheizungsanlagen als epochemachende *Neuerung und Verbesserung* hinzustellen, soll hier nur vorausschickend kurz wiederholt werden, daß die Anlage einer Heizung nach diesem „amerikanischen System" nur als eine „*Verballhornung*", d. h. augenfällige *Verschlechterung* des in Deutschland, namentlich für bewohnte Räume längst beiseite gelegten „*Feuer-Luftheizungssystems*" anzusehen ist — und es sehr wohl angezeigt erscheint, an maßgebender Stelle darauf einzuwirken, die Ausführung derartiger Anlagen für besagte Zwecke — zu versagen. Die näheren Erörterungen und Begründungen hierzu werden im Abschnitte B ausführlicher gegeben werden.

Da sich auch am Schlusse dieses *Flugblattes*, welches allen Interessenten zur Durchsicht empfohlen wird, die unwahre Mitteilung befindet: „Gegen den Verfasser der Broschüre haben wir natürlich Klage wegen unlauteren Wettbewerbs eingereicht", ein solches Einschreiten von seiten der Firma aber ca. ¼ Jahr auch nach dem Erscheinen des *Flugblattes* nicht in die Wege geleitet wurde, hat der Verfasser endlich im Monate Dezember 1908 die Einreichung der Klage dadurch erzwungen, daß er die Firma zum öffentlichen Widerrufe ihrer *unwahren* Behauptungen auffordern ließ und im Weigerungsfalle die Einbringung einer Beleidigungsklage anzeigte.

Leider kann zurzeit über den Verlauf dieses Prozesses keinerlei Bericht erstattet werden, da es — nach bekannten Mustern!! — möglich geworden ist, daß bis zur Stunde noch in keinem der mehrfach angesetzt gewesenen Termine verhandelt worden ist.

Der Austrag dieses Prozesses, sowie einer von anderer Seite gegen die Firma „Schwarzhaupt, Spiecker & Co." eingereichten Klage wegen unlauteren Wettbewerbs dürfte dieser Firma auch Aufklärung darüber erbringen, worin der Verfasser die „anormale Propaganda" bei deren Auftragsbewerbungen erkennt, für welche selbe am Schlusse des Flugblattes angibt, keine Erklärung finden zu können.

D R E S D E N im Mai 1909.

Erwin Herz
Zivilingenieur.

Vorwort zur dritten Auflage.

Zwei Jahre sind seit dem Erscheinen der 1909 neubearbeiteten und vermehrten Broschüre: „Zur Abwehr der amerikanischen Luftheizung" verstrichen und schon wieder macht sich das Bedürfnis geltend eine neue, nunmehr dritte Auflage dieser Broschüre herauszugeben, da den vielen Nachfragen nach derselben, namentlich aus den Kreisen der deutschen, österreichischen und anderen ausländischen Heizungsindustriellen zurzeit nicht mehr entsprochen werden kann.

Mit Genugtuung begrüßt es der Verfasser, daß seine im Frühjahr 1908 begonnene Demonstration gegen das angefochtene System in so weitem Umfange gebilligt und durch den regen Absatz seiner Veröffentlichungen fördernd unterstützt wird. Es soll an dieser Stelle allen den Beteiligten für solche Unterstützung der Dank mit dem Wunsche ausgesprochen werden, daß auch die Neuauflage eine ebenso schnelle weitgehende Verbreitung wie ihre Vorläufer finden, der Heizungsindustrie nutzbringend werden und dazu beitragen möchte, die Fehler und Mängel des angefochtenen, sowie die Vorteile anderer Zentralheizungssysteme weiteren Kreisen ersichtlich zu machen.

Auch die *Neuauflage* ist gegen diejenige vom Jahre 1909 ganz wesentlich vermehrt worden, und zwar haben solche Erweiterungen vorwiegend im zweiten Teile B der Broschüre Aufnahme gefunden.

Dem Wunsche der Herren Interessenten Folge leistend, wird gleichzeitig mit dem Erscheinen der vorliegenden Neuauflage eine Veröffentlichung des landgerichtlichen Urteils samt technischem Gutachten, betreffend Prozeß der Firma „*Schwarzhaupt, Spiecker & Co.*" gegen den Verfasser herausgegeben, welche in Form einer Broschüre unter dem Titel: „*Ein rechtskräftiges Urteil über amerikanische Luftheizung*" zu beziehen ist. — Zu dieser Veröffentlichung wurde Verfasser durch die herausfordernde Stellungnahme der klagenden Firma in deren Flugblatt: „*Erwiderung und Richtigstellung*", sowie deren direktes und indirektes Bemühen veranlaßt, die Leitmotive für die Herausgabe der „Abwehrbroschüre" in verwerflichster Weise herabzuwürdigen und hierdurch kritische Beurteilungen zum Nachteile nicht nur des Verfassers, sondern auch des erlangten Urteiles und Begutachters herauszufordern. — Um gegen derartige verwerfliche Maßnahmen rechtzeitig Verwahrung einlegen zu können, bittet Verfasser vorkommenden Falles um sofortige Verständigung und verweist im übrigen auf die Erweiterungen unter B der vorliegenden Neuauflage.

Schließlich bleibt noch zu erwähnen, daß den Verlag der „*Abwehrbroschüre, 3. Auflage*, wie ebenso denjenigen der Broschüre: „*Ein rechtskräftiges Urteil über amerikanische Luftheizung*", *2. Auflage*, diesmal mit anzuerkennender Bereitwilligkeit die rühmlichst und allgemein bekannte Firma „*R. Oldenbourg, Verlagsbuchhandlung in München*" übernommen hat und wird gebeten, alle Bestellungen auf genannte Broschüren direkt bei dieser Firma freundlichst bewirken zu wollen.

DRESDEN im November 1911.

Der Verfasser.

Ein angepriesenes Heizungssystem!

In neuerer Zeit finden sich in Deutschland Unternehmer, welche unter Bezeichnung wie:

„Verbesserte amerikanische Luftheizung" — „Verbesserte Zentralluftheizung" — „Frischluft-Ventilationsheizung" — „Hygienische Warmluftheizung" u. dgl.

ein angeblich *neuartiges* Heizungssystem einzuführen bestrebt sind — und dessen Verwendbarkeit — namentlich zur Beheizung von Villen und Einfamilienhäusern — als bestes und *einzig hygienisches System* empfehlen.

Da die Art und Weise der bei dem Bemühen um die Einführung dieser „Neuerung" geübten Propaganda geeignet erscheint, alle die in Deutschland gegenwärtig bevorzugten Zentralheizungssysteme herabzusetzen, indem irrige Anschauungen über angebliche Nachteile dieser Systeme verbreitet und über den wahren Wert der empfohlenen „Neuerung" ganz unrichtige Vorstellungen erweckt werden, so erscheint es geboten, nachstehendes zur Aufklärung und Belehrung aller beteiligten Kreise zu veröffentlichen.

Dabei möge vorausgeschickt werden, daß unsere deutsche Heizungstechnik, sowohl hinsichtlich ihrer praktischen Leistungen wie auch ihrer wissenschaftlichen Stellung, sich auf einer bedeutsamen Höhe befindet, und daß derjenige, welcher eine Heizanlage benötigt, einer der gewissenhaften Heizungsfirmen, deren Deutschland genügende besitzt, seine Arbeit mit vollem Vertrauen übergeben kann. Er darf sicher sein, eine den Ansprüchen der Hygiene und modernen Technik im vollen Umfange entsprechende Anlage zu erhalten.

A. Allgemeines über Luftheizung.

Die „Luftheizung", und zwar die hier in Frage kommende „*Feuer*-Luftheizung" ist das *älteste* bekannte Zentralheizungssystem, das bereits die Römer zur Zeit der Cäsaren verwendeten.

Das System besteht im wesentlichen darin, daß kalte Luft an einem mittels Kohlen, Koks o. dgl. gefeuerten und unter den zu beheizenden Räumen aufgestellten Luftheizungsofen, „Calorifère" genannt, erwärmt und gewöhnlich durch Kanäle, die meistens im Mauerwerke liegen, in die zu beheizenden Räume eingeführt wird.

Der Luftheizungsofen „Calorifère" wurde hierbei in einer zu Reinigungszwecken leicht zugängig gemachten, doppelt abgewölbten „Heizkammer" in einer solchen Weise eingebaut, daß das Bedienen der Feuerungsanlage sowie auch das Reinigen und Kehren der Feuergaszüge nur von außerhalb der allseitig dicht von der Umgebung abgeschlossenen Heizkammer zu bewerkstelligen möglich ist. Dicht unter der ersten Abwölbung der Heizkammer münden die Abzugskanäle für die Heizluft ein. Sie erhalten zumeist eine Fortsetzung bis zur Sohle der Kammer, um eine regere Luftbewegung innerhalb derselben, sowie Mischung der Heizluft zu ermöglichen.

Während also bei den in Deutschland und anderwärts heute für Wohnhäuser bevorzugten Heizungssystemen die Träger der in den Räumen benötigten Wärme entweder Dampf oder erwärmtes Wasser sind, von welchen die Wärme an dort aufgestellte Heizkörper abgegeben wird, ist bei der Luftheizung der Träger der Wärme die Luft selbst. Es sind sonach in den durch Luftheizung erwärmten Räumen keine Heizkörper nötig, sondern aus den Öffnungen der Zuführungskanäle strömt die erwärmte Luft direkt in die Räume, um hier ihre Wärme an selbe abzugeben.

Um die erwärmte Heizluft in die Räume einzuführen, sind keinerlei mechanische Hilfsmittel erforderlich, sondern dieser Übertritt geschieht selbsttätig zufolge der physikalischen Eigenschaften der atmosphärischen Luft. — Durch Erwärmung dehnt sich die Luft aus, sie wird dadurch spezifisch leichter, hat das Bestreben, in den Kanälen in die Höhe zu steigen und alle über ihr lagernden kälteren Luftschichten zu durchdringen, wenn ihr hierzu Gelegenheit geboten wird. — Je höher die Erwärmung der Luft gegen die ursprüngliche Temperatur, desto stärker der Auftrieb oder die Kraft, mit welcher die erwärmte Luft in die Räume hineindringt.

Würden die zu beheizenden Räume luftdicht geschlossen sein, so würde die erwärmte Luft nicht in diese eindringen können, da keine Möglichkeit vorläge, die Innenluft zu verdrängen. Nun sind zwar die Umschließungswände, die Fenster, Türen usw. eines Raumes durchaus nicht luftdicht, sondern je nach Bauart, Material, Feuchtigkeitsgehalt derselben u. a. m. sehr verschiedenartig durchlässig für die atmosphärische Luft. Diese Durchlässigkeit ist aber durchaus nicht ausreichend, ein so großes Luftquantum aus den zu heizenden Räumen nach außen zu verdrängen, als zur Erwärmung derselben bei *Einhaltung* der durch *hygienische Forderungen begrenzten Einströmungstemperaturen* der Heizluft erforderlich ist — zumal die zu erlangende vorerwähnte „Kraft des Auftriebes" eine sehr geringe ist, leicht durch Windströmungen gegen die Umschließungswände aufgehoben — oder sogar durch Luftströmung von außen nach innen derartig überwunden werden kann, daß die Heizluft zurück nach dem Heizapparat bzw. in die Heizkammer gedrückt wird. — (Umschlagen der Kanäle. — Prof. Dr. Rietschel I., S. 351, 3. Aufl.)

Um nun der Raumluft einen direkten Austritt zu beschaffen, hat man — neben den Kanälen zur Einführung der Heizluft — auch solche angelegt, die entweder, vom Fußboden abwärts führend, die Räume mit den tiefsten Schichten der Heizkammer verbinden, oder aber Abzugskanäle hergestellt, durch welche die zu verdrängende Raumluft, vom Fußboden der Räume ausgehend, über Dach ins Freie geführt wird. Bei letzterer Durchführung ist außerdem noch die Vorrichtung getroffen, daß auch der Heizapparat bzw. die Heizkammer mit der Außenluft in Verbindung steht.

Durch *erstere* Anordnung wird ein fortgesetzter Kreislauf der durch den Heizapparat erwärmten und nach demselben abgekühlt zurückkehrenden Raumluft herbeigeführt (Zirkulationsheizung), während bei letzterer Einrichtung die verdrängte Raumluft durch frische kalte Außenluft ersetzt wird, die dem Heizapparate fortgesetzt zuströmt, durch denselben erwärmt und dann nach den Räumen eingeführt wird. (Ventilationsheizung.) — Letztere Durchführung ist die vollkommenere und soll deshalb zunächst näher besprochen werden:

a) *Ventilationsluftheizung.* — Da der Betrieb einer Ventilationsluftheizung, wie aus dem Vorstehenden hervorgeht, dadurch zustande kommt, daß fortgesetzt von außen entnommene „Frischluft" in die Räume erwärmt eingeführt und aus diesen früher vorhandene, gleiche Luftmengen ins Freie abgeführt werden, hat man dieses System als ein solches zu erkennen, bei welchem mit der zentralen Erwärmung auch gleichzeitig eine *zwangsweise* Lüftung der Räume verbunden ist. Es liegt sehr nahe, daß man diese Doppelwirkung zunächst als einen im System begründeten, sehr *großen hygienischen Vorteil* desselben auffaßte.

Vor 40 bis 25 Jahren gelangte deshalb die Luftheizung — und zwar speziell die „**Feuerluft**-Heizung", neben den sonst schon bestandenen Zentralheizsystemen auch in Deutschland zu sehr reger Aufnahme; so zwar, daß nicht allein öffentliche Bauten wie Schulen, Kasernen, Gerichtsgebäude usw., sondern auch Hotels, Villen und Einfamilienhäuser durch Feuerluftheizung geheizt wurden. — Mit der Weiterentwicklung der Heiztechnik, vor allem aber den wissenschaftlichen Forschungen auf den Gebieten der gesamten Gesundheitspflege, lernte man erkennen, daß die Luftheizung wohl für ganz bestimmte Zwecke unschätzbare Vorteile gewährt, aber keinesfalls ein System darstellt, das in der angedeuteten Weise verallgemeinert werden darf. Es würde viel zu weit gehen, sollte diese Erkenntnis erschöpfend begründet werden, doch mögen die nachstehenden Darlegungen hier Aufnahme finden:

Da bei dem System der Luftheizung die Luft der Träger der Wärme ist und letztere dadurch in die zu heizenden Räume gelangt, daß sich die Heizluft innerhalb derselben auf die Raumtemperatur abkühlt, so wird einem bestimmten stündlichen Wärmeerfordernis für einen zu heizenden Raum ein ebenso bestimmter stündlicher Luftwechsel entsprechen. Ist sonach der Wärmebedarf eines Raumes ein sehr großer, so wird auch eine *sehr große* Luftmenge in denselben eingeführt werden müssen. — Letztere kann jedoch so groß werden, daß damit ein Raumluftwechsel erzielt wird, der die höchsten zu stellenden hygienischen und praktischen Anforderungen um ein so Vielfaches überschreitet, daß von einer rationellen Anlage, namentlich mit Bezug auf deren Wirtschaftlichkeit, nicht mehr gesprochen werden kann; ganz abgesehen von den hygienischen Nachteilen, die ein zu *großer* Luftwechsel auf den menschlichen Organismus ausübt, und die Nachteile, welche solcher Luftwechsel auf alle leblosen Gegenstände zur Folge hat.

Da das angepriesene amerikanische System ganz besonders für die zentrale Beheizung von Villen und Einfamilienhäusern empfohlen wird, soll das Gesagte durch ein Beispiel hierfür, welches tatsächlichen Verhältnissen entnommen wurde, veranschaulicht werden:

Ist der stündliche Wärmebedarf eines 130 cbm großen Raumes in einem Einfamilienhause, in dem sich zeitweise bis 3 Personen aufhalten = 4000 WE., so müssen demselben zu seiner Erwärmung durch Luftheizung, mit Stützung auf die von Prof. Dr. Rietschel in dessen bekanntem Werke Bd. I, S. 355, 3. Aufl., entwickelten Formeln, und bei Einhaltung der von demselben Verfasser I 16, 41 und 363 bestimmten Grenztemperaturen für die Heizluft stündlich =

$$\frac{4000 \times 1{,}074}{6{,}2} = ./. 700 \text{ cbm}$$

auf 40⁰ erwärmte Luft zugeführt werden. — Es gibt dies einen über *5* fachen Raumluftwechsel oder für jede Person *230* cbm frische, erwärmte Außenluft. Das hygienische Erfordernis wird damit um das ca. *11 fache* überschritten und die für solchen übertriebenen Luftwechsel aufgewendete *Wärme* ist *sinn-* und *zwecklos* verloren.

Würde dagegen zentrale Beheizung eines Versammlungssaales, Theaters, Konzerthauses oder für die Anlage einer Trockeneinrichtung in Frage kommen, bei welchen Installationen neben großem Wärmebedarf auch ganz besonders hohe Ansprüche an ausreichenden Raumluftwechsel gestellt werden, so wird das System der Luftheizung wohl stets das geeignetste und rationellste bleiben. — Doch würde man erstere Heizungsanlagen, das sind solche für Versammlungssäle usw. — wenn man nicht vorzieht, ein zusammengesetztes System zu wählen — als Dampf- oder Warmwasserluftheizungen zur Durchführung bringen, während für sehr viele Trockenanlagen mit Vorteil die sonst als *veraltet* anzusehende „*Feuerluftheizung*" verwendet werden kann.

Führt man eine Berechnung — wie die obige — für einen mittleren Versammlungssaal von 1800 cbm Rauminhalt durch, der mit 300 Personen besetzt werden soll und zur Erwärmung 35 000 WE benötigt, so ergibt die Rechnung, daß zur Deckung dieser Wärme stündlich =

$$\frac{35\,000 \times 1{,}074}{6{,}2} = ./. \; 6000 \; \text{cbm Luft}$$

zugeführt werden müssen, was für eine Person $= \frac{6000}{300} = 20$ cbm beträgt, und das ist die Luftmenge, die man nach hygienischen Grundsätzen mindestens zu verlangen hat. — Der stündlich erlangte, fast 3½ fache Raumluftwechsel ist für den *Versammlungssaal* durchaus kein zu hoher. Es ist sonach in diesem Falle das System der Luftheizung vollständig am Platze, denn neben ausreichender Erwärmung wird zwangsweise eine ausreichende — aber auch keine überflüssige Lüftung des Saales erlangt — und es geht dabei keinerlei Wärmeaufwand nutzlos verloren.

Zu diesen veranschaulichenden Rechnungsführungen, welche die Verwendbarkeit des Luftheizungssystems und dessen Zweckmäßigkeit für Sonderfälle begrenzen, wird nochmals besonders hervorgehoben, daß — aus hygienischen Gründen, die später ausführlich behandelt werden sollen — die Temperatur der zuströmenden Heizluft zu maximal +40⁰ C bemessen wurde. Es würden die Resultate des berechneten Luftwechsels innerhalb dieser Räume aber ganz wesentlich dann herabgemindert werden, wenn es *statthaft* wäre, *höher* als $+ 40^0$ erwärmte Luft in dieselben einzuführen.

Sehr bald nach der vorgenannten Zeitperiode während der die Feuerluftheizung in Deutschland rege Aufnahme fand, wurden verschiedene Bedenken und Klagen gegen dieses System erhoben, die sich teils auf die praktische Verwertbarkeit (Ökonomie des Betriebes), zumeist aber auf hygienische Mängel bezogen, welche man demselben zum Vorwurfe machte. — Die Erhöhung der Betriebskosten konnte — wie aus dem Vorgesagten hervorgeht — durch den Hinweis auf den gleichzeitig erlangten Lüftungseffekt gerechtfertigt werden; weit schwieriger jedoch war es, den Anforderungen zu entsprechen, welche auf Beseitigung der hygienischen Mängel drangen. Man klagte über zu trockene, über mechanisch und chemisch verunreinigte Luft, über schnell wechselnde Temperaturen in den Räumen, mangelhafte Regulierungsfähigkeit, namentlich bei herrschenden Windströmungen u. v. a. m.

Waren auch selbstredend bereits die ersten Feuerluftheizanlagen mit Vorrichtungen versehen, um der — *in dem System begründeten* — „Austrocknung" der Heizluft vorzubeugen und sie mit einem normalen, relativen Feuchtigkeitsgehalt von ca. 50% zu versehen, so wollten doch die Klagen über offenbar schädigende Beeinflussung der Atmungs- und Sprachorgane, namentlich in den Schulen, von seiten der Lehrer nicht verstummen.

Sie wurden Veranlassung zu ernsten wissenschaftlichen Untersuchungen, durch welche festgestellt wurde, daß weniger ein mangelnder *Feuchtigkeitsgehalt*, sondern mechanische Verunreinigungen der Heizluft durch Staub und vor allem durch chemische Veränderung dieses Staubes — zufolge trockener Destillation und Verbrennung — (z. B. Ammoniak und Spuren von dem sehr giftigen Kohlenoxydgas) als Grund und Ursache für die störenden und teils schädigenden Einwirkungen der Feuerluftheizung anzusehen sind.

Mit diesen durch die wissenschaftlichen Forschungen belegten Erfahrungen wurde das Verwertungsgebiet der Feuerluftheizung immer mehr und mehr eingeschränkt. Dies hatte zur Folge, daß bestehende Feuerluftheizungen fast aus allen öffentlichen sowie auch privaten Gebäuden entfernt und — nach der Erfindung des Dampf-Niederdruckheizsystems durch „Dampf-Niederdruckluftheizung" bzw. „Warmwasserluftheizung" und in privaten Gebäuden durch „Niederdruckdampf-" oder „Warmwasserheizanlagen" ersetzt wurden, welch letztere man sodann — falls hierzu überhaupt Veranlassung vorlag — mit selbständigen oder kombinierten Lüftungs-einrichtungen versah.

Die vorstehend genannten schädigenden chemischen Bei-mengungen der Heizluft kamen — bei der *Feuer*-Luftheizung — dadurch zustande, daß der niemals vollständig zu vermeidende Staub an den erhitzten Heizflächen des Calorifère verkohlte und Destillationsprodukte erzeugte. Das Kohlenoxydgas gelangte zu-weilen auch durch Undichtheiten des Heizapparates indirekt aus den Feuergasen in die Heizluft. — Nach den neuesten Untersuchun-gen Professor Nußbaums, Hannover, deren Ergebnisse dem Ver-fasser verfügbar gemacht wurden, erfährt der Luftstaub gleich-zeitig selbst — durch hochgradige Überhitzung — *Veränderungen seiner Oberfläche*, die denselben „brenzlich" machen, d. h. die Schleim-häute nachteilig beeinflussen und das bekannte „Trockenheits-gefühl" auch dann hervorrufen, wenn die Luft sehr reich an Wasser-dampf ist.

Alle die sinnreichen Calorifères-Konstruktionen, bei denen man bestrebt blieb, die Heizflächentemperaturen, vor allem durch eingesetztes Schamottefutter in den Feuerraum und ersten Heizgas-zügen herabzumindern, wie ebenso die Herstellung leicht zugäng-licher, womöglich in glasiertem Ziegelmauerwerk mit Zementfugung hergestellten Heizkammern, die leicht zu reinigen sind, konnten diese chemischen Prozesse und damit die schädigende Wirkung des Feuerluftheizungssystems wohl *verringern* aber niemals voll-ständig *aufheben*. Deshalb vollzog sich der sehr wohl berechtigte, vorangestellte Wandel der Feuerluftheizung in solche Luftheiz-systeme, bei denen eine so *niedere* Heizflächentemperatur des Erwärmungsapparates durch das System verbürgt blieb, daß Ver-kohlung und Destillation von mechanischen Beimengungen fast *vollkommen* ausgeschlossen sind.

b) *Zirkulationsluftheizung.* Der Umstand, daß beim Betrieb einer Ventilationsluftheizung, wie nachgewiesen wurde, durch die Abzugskanäle eine vom Wärmeerfordernis abhängige, auf die Raumtemperatur abgekühlte Luftmenge — und mit dieser eine sehr beträchtliche Wärmemenge verloren geht, hatte sehr bald zur Folge, daß man — neben den direkt ins Freie führenden Abzugs-kanälen, wie erwähnt — auch solche Kanäle anordnete, welche der abgekühlten Raumluft die Rückkehr zu dem Heizapparate resp. der Heizkammer gestattete, wo diese dann von neuem erwärmt wurde, um später neuerdings zur Beheizung der angeschlossenen

Räume verwendet zu werden. („Zirkulationsbetrieb.") Diese
Anordnung von Zirkulationskanälen war bei den älteren Luft-
heizanlagen eine weit verbreitete und wurde in der Weise gehand-
habt, daß man die „Anheizung der Räume" — durch Umstellung
vorhandener Klappen mittels „Zirkulationsheizung" betrieb, während
dann — nach Besetzung der Räumlichkeiten — der Weiterbetrieb
der Anlage bei geöffneten direkten Abzugskanälen, d. h. durch
den vorbeschriebenen „Ventilationsheizungsbetrieb" bewerkstelligt
wurde.

„Solche Anordnung hat sich aber in Deutschland nicht lange
gehalten, weil man Bedenken tragen mußte, daß die rückgeleitete
Heizluft in den Räumen weiterer mechanischer und chemischer
Verunreinigung ausgesetzt war, und sonach die Mängel und Schädigungen der „Feuerluftheizung" nur noch vermehren würde. — Durch
die wissenschaftlichen Untersuchungen und Beobachtungen Petten-
kofers wurde der Zirkulationsbetrieb für bewohnte Räume als geradezu für *gefahrvoll* erkannt. Pettenkofer hatte nämlich durch
exakte Beobachtungen im städt. Krankenhause zu München und
weitere Forscher durch Untersuchungen an Feuerluftheizanlagen in
anderen öffentlichen Gebäuden ganz unzweifelbar nachgewiesen,
daß durch die „Zirkulationsluft" die verschiedenartigsten Krank-
heitsstoffe von räumlich voneinander getrennten Kranken auf
vollständig gesunde Insassen übertragen wurden, was dadurch
leicht erklärlich wird, daß sämtliche zu einer Zentralheizstelle
vereinigten Räume durch die genannten Zirkulationskanäle sowie
die Heizkanäle und den Calorifère in *direkte Kommunikation* mit-
einander gebracht sind.

B. Das amerikanische Luftheizsystem.

Die Vertreter des *neuen verbesserten* amerikanischen Luftheizungssystemes sagen nun, daß sie weder *direkte* Abzugskanäle
noch weniger aber „Zirkulationskanäle" bei ihrem Heizsysteme
zur Anwendung bringen und geben zur Erklärung der Wirkungsweise ihrer Ausführung an, daß die höher gespannte, erwärmte
Heizluft deshalb in die zu erwärmenden Räume eindringen könne,
weil sie den äußeren, auf die Umschließungsmauern usw. wirken-
den, atmosphärischen Luftdruck überwinde und einen Austausch
der Luft von innen nach außen, zufolge der Durchlässigkeit der
genannten Umschließungswände, sowie Undichtheiten von Fenstern
und Türen ermögliche.

Diese Erklärung ist eine haltlose. Sie würde, wie aus dem früher Gesagten hervorgeht, zu sehr unzuverlässigen Resultaten führen; schon deshalb, weil die Durchlässigkeit der Umschließungswände und der auf dieselben einwirkende atmosphärische Druck fortgesetzten Änderungen unterworfen ist. — Daß aber die gegebene Erklärung solcher Wirkungsweise mit der Wirklichkeit nicht übereinstimmt, geht deutlich aus den Projekten und Anlagen der Luftheizungen nach dem amerikanischen System hervor.

Aus genannten Unterlagen ersieht man nämlich, daß neben dem vorhandenen Zuführungskanale für frische Außenluft ein größer als alle verwendeten Heizkanäle dimensionierter Zirkulationskanal vom Erdgeschoße des ungeheizten Stiegenhauses oder Vorsaales nach dem Frischluftkanal angelegt und so in entsprechende Verbindung mit dem Luftheizofen gebracht ist. — Für den *Anheizbetrieb* braucht nun nur die Vorschrift gegeben zu werden, die Türen der zu heizenden Räume nach dem Vorraume etwas geöffnet zu lassen, und der vorbeschriebene Zirkulationsbetrieb ist wunschgemäß eingeleitet, und zwar auch trotz eventuell geöffneter Klappe im Frischluftkanal, weil die Widerstände im geöffneten Zirkulationskanal weit geringere sind als solche, die bei Verdrängung der Raumluft durch die Umschließungswände auftreten würden.

Mit der Beendigung der Anheizperiode — die übrigens beliebig lang ausgedehnt werden kann — ist bekanntermaßen der größte Wärmebedarf für Beheizung eines Gebäudes gedeckt und erfordert der Weiterbetrieb der Anlage weit geringere stündliche Wärmemengen, vorausgesetzt, daß die zuzuführende Wärme nur den Wärmeverlust zu decken haben würde, den das zu heizende Gebäude zufolge seiner fortdauernden Abkühlung nach außen (Transmissionswärme) erleidet. — Bei einer korrekt funktionierenden „Ventilationsheizung", wie solche durch Vorangegangenes erläutert wurde, würde sich dieser Wärmebedarf allerdings dadurch wesentlich vergrößern, daß stetig mit der verdrängten, auf ca. 20^0 erwärmten Raumluft eine wesentliche Wärmemenge ins Freie entweicht, die gleichfalls von dem Heizapparat abgegeben werden müßte.

Um letzteren Verlust tunlichst zu vermeiden oder doch auf das geringste Maß zu beschränken, sind bei dem amerikanischen Luftheizsystem Vorkehrungen getroffen, die trotz geöffneter Klappe im Frischluftkanal, auch den *Fortbetrieb* der Heizanlage — und zwar trotz angenommen geschlossener Türen — fast *ausschließlich durch Zirkulation* gestatten. Dies wird durch künstlich erhöhte Widerstände im Frischluftkanale, offene Verbindungen zwischen Keller- und Obergeschossen und indirekte Zugänge der Zirkulationsluft nach dem Frischluftkanale sowie den Heizofen ermöglicht.

Ferner ist, um auch Nutzen für die Erwärmung eines Hauses aus den vielen Mangelhaftigkeiten der Durchführung dieses Systems zu ziehen, zumeist die Anordnung getroffen, daß derjenige Raum, in welchem der Heizapparat Aufstellung gefunden hat und innerhalb dessen die fast immer unverkleideten metallenen Heizluftleitungen verlegt sind — in vollständig *offener* oder leicht zu bewirkender Verbindung mit dem Stiegenhause und Vorräumen steht. — Da bei mehrfachen Untersuchungen an ausgeführten Anlagen festgestellt wurde, daß die mittlere Temperatur — in der gekennzeichneten Umgebung der Zentralheizstelle — 30 bis 40° C beträgt, so entsteht — zufolge Austausches der kalten Hausluft mit derjenigen des hochgradig erwärmten Kellerraumes, neben der *direkten* — auch eine *indirekte* Zirkulationsheizung, die allerdings den Vorteil der Ausnutzung der sonst verlorengehenden Strahlungswärme des Heizapparates samt Zubehör hat; vom *hygienischen* Standpunkte aus aber als *höchst verwerflich* zu erkennen ist.

Aus solchen Anordnungen und Ausführungen wird sonach klar ersichtlich, daß die nach dem amerikanischen Luftheizungssystem hergestellten Anlagen, ganz entgegen den in den Reklameprospekten besonders betonten Vorzügen, fast·*niemals* mit gleichzeitiger *Lufterneuerung*, sondern fast *immer* durch die als *gesundheitsschädigend* erkannte „Zirkulationsheizung" betrieben werden.

Da die Vertreter des amerikanischen Luftheizungssystems in allen den massenhaften Prospekten, in ihren Inseraten und bei ihrer sonstigen, auch durch öffentliche Vorträge geübten, marktschreierischen Propaganda die angeblich sehr großen, alle anderen Heizsysteme übertreffenden *hygienischen* Vorteile so ganz besonders hervorheben, welche darin bestehen sollen, daß diese Beheizungsart — gleichzeitig mit einer zwangsweisen, steten Abführung der verdorbenen Raumluft und fortgesetzter *reichlicher* Zuführung von *frischer gesunder* Außenluft betrieben würde, soll durch das Nachstehende ersichtlich gemacht werden, wie weit und in welcher Weise solche Zusicherungen selbst dann erfüllt werden, wenn die — nach amerikanischen Prinzipien hergestellten Anlagen — auch wirklich *nur* durch *Ventilationsheizung*, d. h. ohne Rückleitung der Raumluft nach dem Calorifère, betrieben werden würden.

„Es wurde bereits in dem einleitenden Kapitel A — erörtert und durch beispielsweise Berechnungen ersichtlich gemacht, daß der erzielte *Luftwechsel* in solchen Räumen, welche durch eine *normal* — d. h. unter Berücksichtigung hygienischer Anforderungen — betriebene „Ventilationsheizung" erwärmt werden, von derjenigen Wärmemenge abhängig ist, welche solche Räume, durch fortgesetzte äußere Abkühlung, sowie sonstige Verlustquellen erleiden. — Die dort angeführten Rechnungsbeispiele ergaben, daß für einen mittleren Villenraum hierbei ein ca. *5 facher* und einen Versammlungssaal ein fast *3½ facher* Raumluftwechsel pro Stunde erlangt wird. Gleichzeitig wurde bereits zu diesen Beispielen angeführt, daß sich dieser — bei *normalen* Betriebsverhältnissen einer Ventilationsluftheizung erzielte Lüftungseffekt — dann ganz wesentlich verringern würde, wenn es statthaft wäre, die solchen Berechnungen zugrunde gelegte, durch hygienische Anforderungen begrenzte Einströmungstemperatur der Heizluft über 40° C zu erhöhen.

Die Vertreter des amerikanischen Systems, welche sich vollständig skrupellos über alle wissenschaftlichen Forschungen und Anforderungen der Gesundheitspflege hinwegsetzen, wenn es darauf ankommt, ihr spekulatives Unternehmen durch „*Scheinvorteile*" zu stützen, binden sich nun in keiner Weise an diese hygienisch begrenzte *Maximaltemperatur* der einströmenden Heizluft (Rietschel, Bd. I, S. 16, 41, 353, 363 usw.), sondern überschreiten dieselbe zumeist um mehr als das *Dreifache*.

Um diese hohen Temperaturen der Heizluft zu ermöglichen, gleichzeitig — um den für den Geschäftsabschluß schwerwiegenden Vorteil sehr gering zu bemessender Heizflächen, dann geringe Anlagekosten und schließlich auch günstigere Resultate für die Ökonomie des Betriebes zu erlangen, als solche bei normalen Luftheizungsanlagen bedingt sind, werden bei dem amerikanischen System, *keine Abzugskanäle für die Ableitung der verdorbenen Raumluft* angeordnet, sondern der Abzug derselben wird, wenn auch in mangelhafter und vollständig *unzuverläßlicher* Weise, durch Undichtheiten sowie Durchlässigkeit der Umschließungswände bewerkstelligt.

Um nun überzeugende Unterlagen für die tatsächlichen Betriebsverhältnisse derartig ausgestatteter Anlagen zu erlangen, sind von dem Verfasser — auch unter Zuziehung gerichtlich beeidigter Sachverständiger — mehrfache Untersuchungen an ausgeführten und dem Betriebe übergebenen Anlagen vorgenommen

worden, aus deren — sehr gut übereinstimmenden Resultaten —
klar ersichtlich wird, wie wenig berechtigt alle die Vorteile sind,
welche dieses System in *hygienischer* Beziehung in Anspruch nimmt,
und die von dessen Vertretern — in aufdringlichster Form — in
den Vordergrund gestellt werden.

Die vorgenommenen Untersuchungen erstreckten sich sämt-
lich auf Anlagen in Villen und Einfamilienhäusern und wurden
getrennt für solche Gebäude durchgeführt, welche lediglich *einfache*
Fenster — und solche, die nur *doppelte*, d. h. Kastenfenster in den
Räumen haben.

Es betrug die durchschnittliche mittlere Außentemperatur
während der Versuche $+3^0$ bis $+5^0$ C. Die hinter den Gittern
und Regulierjalousien innerhalb der Heizkanäle gemessenen Temperaturen schwankten zwischen 85^0 und 125^0 C. Als mittlere Luft-
temperatur im Heizapparate wurden *200* bis *250⁰* konstatiert,
welche Temperatur sich jedoch in der Nähe des fast stets *rotglühen-
den*, sonach *700* bis *900⁰* heißen Ofenmantels ganz wesentlich erhöhte. Hierzu wird bemerkt, daß bei den Versuchen keinerlei
Einfluß auf die Bedienung des Heizapparates noch der Anlage
selbst ausgeübt wurde, sondern alle diese Manipulationen einem
zugezogenen Obermonteur betreffender Firma überlassen wurden,
welche die Anlage geliefert hatte.

Aus diesen Temperaturmessungen ist — zunächst im Rechnungswege — mit Benutzung der Prof. Dr. Rietschelschen Entwick-
lungen Bd. I, 355 usw., derjenige und zwar *größte* Luftwechsel
berechnet worden, der gleichzeitig und zwangsweise dann durchschnittlich in den angeschlossenen Räumen stattfinden müßte,
wenn die Außentemperatur — 20^0 C betragen würde und sämtliche Räume auf $+20^0$ C erwärmt zu erhalten wären. — Es ergibt sich hierbei, daß für „Villengebäude mit *einfachen* Fenstern" ein
doppelter und für solche mit Doppelfenstern ein *1,7* facher *maxi-
maler* stündlicher Raumluftwechsel erlangt wird, der sich für *mittlere*
Wintertemperaturen auf einen höchstens *1* bis *1½* fachen Luftwechsel reduziert und damit um das *3* bis *3½* fache *geringer* wird
als er sich bei einer *normal* betriebenen und *hygienisch korrekt*
installierten Ventilations-Feuerluftheizung nach *deutscher Bauart*
herausstellen müßte.

Diese — im Rechnungswege ermittelten Lüftungseffekte —
wurden gleichzeitig durch direkte Geschwindigkeitsmessungen der
Zuführungsluft kontrolliert und ergaben vollständige Überein-
stimmung.

Es ist nun eine bekannte, durch vielfache praktische Versuche erwiesene Tatsache, daß ein *so geringer Raumluftwechsel*, wie er durch Vorstehendes bei amerikanischen Luftheizungen nachgewiesen wurde, durchschnittlich in jedem überhaupt *erwärmten* Wohnraume dadurch erlangt wird, daß die denselben umschließende kältere Außen- und Innenluft unterhalb der sog. „*neutralen Luftdruckzone*" nach dem Raume eindringt, während — oberhalb dieser Zone — die wärmere Raumluft nach außen entweicht. — Man nennt diesen durch physikalische Ursachen und Zustände bewirkten Luftaustausch die „*natürliche Ventilation*" eines Raumes, und da man findet, daß der hierdurch erzielte Raumluftwechsel in fast allen Fällen vollständig ausreicht, die Wohnräume einer Villa oder eines Einfamilienhauses mit so viel *frischer* und gesunder Luft zu versehen, als dies die hygienischen Forschungsresultate verlangen, ist in solchen Räumen die Anordnung einer *künstlichen* Lüftungseinrichtung zumeist *nicht erforderlich*.

Überdies wird darauf hingewiesen, daß man auch durch sachgemäße Anwendung der „*Fensterlüftung*" zumeist die Raumluft auf derjenigen Reinheit erhalten kann, wie solche für den Atmungsprozeß erforderlich ist. — Es wird dieses Verfahren von sehr vielen hervorragenden Ärzten und Hygienikern besonders für Krankenhäuser sowie Genesungsheime empfohlen und hat sich namentlich für „*Lungenkranke*" besonders bewährt. —

Wenn es — nach solchen Erörterungen — die deutschen Heizungstechniker vorziehen, Villen und Einfamilienhäuser durch Warmwasserheizung, Niederdruckdampfheizung oder sonst ein System mit *örtlich* aufzustellenden Heizkörpern zu erwärmen und hierbei nur für vereinzelte Fälle eine künstliche Lüftung vorsehen, so geschieht dies nicht allein aus der soeben entwickelten Erkenntnis, daß in fast allen Fällen die natürliche Ventilation einen hygienisch vollkommen ausreichenden Luftwechsel ergibt — sondern *die deutschen Techniker* verwerfen die Anwendung des Luftheizungsprinzips und zwar vor allem dasjenige der „*amerikanischen* Ausführung" für Wohnräume deshalb, weil die damit erzielte „*Lufterneuerung*" eine höchst verwerfliche „**Luftverschlechterung**" zur Folge hat. Die Ursachen solcher Luftverschlechterung sind bereits in dem Kapitel *A* auseinandergesetzt worden und soll hier nur noch besonders auf die vorstehenden Versuchsresultate insofern verwiesen werden, als aus denselben ersichtlich wird, daß die amerikanischen Luftheizungen mit derartig überhitzter Luft betrieben werden, daß selbe alle organischen Beimengungen verschwelt und verkohlt und die hierbei gebildeten, *gesundheitsschädlichen, giftigen* Gase sowie der brenzliche Luftstaub den Atmungsorganen der glücklichen Bewohner einer Villa zugeführt wird, die mit einer solchen: **„einzig hygienisch vollkommenen Heizanlage"** ausgestattet ist.

Daß es übrigens den Herren Vertretern der amerikanischen Luftheizung gar nicht darauf ankommt, den eigenen Anschauungen über die Wirkungsweise und Zweckmäßigkeit ihres Systemes dann untreu zu werden, wenn die Nachteile desselben derartig ersichtlich und fühlbar werden, daß hierdurch selbst der verlangte Heizeffekt beeinträchtigt und damit die gesamte Anlage unbrauchbar wird, geht u. a. aus einem Prozesse hervor, den die Firma: „Schwarzhaupt, Spiecker & Co." wegen einer in Homburg v. d. H. installierten Zentralluftheizung im Jahre 1909 bis 1911 zu führen hatte. — Es war für eine im August 1908 bezogene Villa eine Luftheizanlage installiert worden, durch welches es trotz aller Forcierungen nur möglich wurde, die angeschlossenen Räumlichkeiten auf höchstens $+10^0$ C zu erwärmen, während die Firma die Verpflichtung übernommen hatte, bis zu einer Außentemperatur von -20^0 C die Innenräume auf $+20^0$ C zu beheizen und bei eventueller Unterschreitung dieses Effektes alles zu veranlassen, was zur Erreichung desselben erforderlich werden würde. — Da die Firma zur Erfüllung ihrer Garantien zunächst nichts veranlaßte, wurde — von seiten des Besitzers der Villa der Klageweg beschritten. — Die Firma, welche sich nun mittlerweile offenbar davon überzeugte, daß es selbst bei den *höchsten* zu *erlangenden* Temperaturen der Zuströmungsluft nicht möglich wurde, dann genügende Mengen erwärmter Luft nach den Räumen einzuführen, wenn — wie dies bei ihrem System der Fall ist und als so großer Vorzug ihrer *„Neuerung"* hingestellt wird — *keine Abzugskanäle* für die Raumluft angelegt sind, schlug nun den Besitzer der Villa vor, in die zur Reserve vorhandenen Schornsteine *Abzugsöffnungen* einzubrechen und solche mit Abstellvorrichtungen zu versehen. — Der Besitzer hat solche Forderung sehr wohlberechtigt zurückgewiesen.

Der Prozeß endete in letzter Instanz vor dem Kgl. Oberlandesgerichte mit der Verurteilung der beklagten Firma zur Rückerstattung der geleisteten Zahlung und Zahlung sämtlicher Kosten des Verfahrens in Höhe von ca. M. 1500. Außerdem hat die beklagte Firma die mangelhafte Anlage herauszunehmen, den alten Zustand herbeizuführen und Schadenersatzansprüche usw. von ca. M. 2000 zu zahlen.

Die immer weiter vordringende Erkenntnis von der gesundheitsschädigenden Wirkungsweise mangelhafter Luftheizungsanlagen, zu denen aus vorstehenden Gründen vor allen diejenigen nach dem *„verbesserten amerikanischen Systeme"* gehören, ist deshalb neuerlich Veranlassung zu den *ministeriellen Vorschriften* vom 19. April 1909 geworden, nach welchem u. a. die Temperatur der zuströmenden Heizluft + 45° C *keinesfalls* überschreiten darf. — Es wird interessant sein zu erfahren, welche Nutzanwendung von dieser ministeriellen Verfügung diejenigen Behörden machen werden, welche amerikanische Luftheizungen in ihren Gebäuden ausführen ließen.

Im Anschlusse hieran soll, zur autoritativen Bestätigung des Voranstehenden, ein kleiner Artikel des rühmlichst bekannten Professors für Hygiene an der Kgl. Technischen Hochschule zu Hannover, Herrn H. Ch. Nußbaum, zum Abdrucke gebracht werden, welchen derselbe als Entgegnung auf einen Reklameartikel für das amerikanische Luftheizungssystem unter der Rubrik „Geschäftliche Notizen" im „Hannoverschen Kurier" 1908 veröffentlichte. — Professor Nußbaum schreibt:

„In der Morgenausgabe vom 2. Oktober stand an dieser Stelle eine Abhandlung über die „Frischluft-Ventilationsheizung", welche eine Anzahl Unrichtigkeiten enthält, die einer Berichtigung bedürfen, weil aus der Anwendung dieser Heizung erhebliche Nachteile entstehen würden.

Zunächst ist es ein Irrtum, wenn behauptet wird, daß die sog. amerikanischen Luftheizungen für Deutschland etwas Neues böten. Das ist nicht der Fall. Schon vor nahezu 40 Jahren wurden derartige Anlagen ausgeführt; besonders hier in Hannover enthielt die reizvolle Häusergruppe, welche in den Jahren 1870 bis 1874 vom Baurat Köhler am Schiffgraben erbaut wurde, derartige Heizungen, die inzwischen aber wohl alle durch Warmwasser- oder Dampfniederdruckheizungen ersetzt worden sind, weil sie die Besitzer in keiner Weise befriedigten. Ferner ist es ein Irrtum, daß die Warmwasser- und die Dampfheizung durch Verschwelen von Staub sog. trockene Luft in den Räumen verursachte. Das ist nicht der Fall, denn ein Verschwelen der organischen Bestandteile des Staubes tritt erst bei Temperaturen über 100° C, eine Zersetzung leichter Art bei 70 bis 80° C ein, und solche Wärmegrade können sowohl bei der Warmwasserheizung wie bei der Dampfheizung mit Luftumwälzung leicht vermieden werden, während dieses bei jeder Feuerluftheizung recht fraglich erscheint. Ferner ist es ein Irrtum, wenn man meint, daß die Luftheizung im Be-

triebe billiger sei als die Warmwasserheizung oder die Dampfheizung. Das würde höchstens bei einer *Zirkulations*-Luftheizung
eintreten können, die hygienisch von vornherein zu verwerfen ist,
oder bei *Ventilations*-Luftheizungen, die mit Temperaturen von
100 bis *200⁰* C betrieben werden. Derartige Anlagen wären aber
das *Schlechteste* was man überhaupt in ein Haus hineinbauen könnte,
denn bei diesen hohen Wärmegraden würden alle organischen
Staubteilchen *vollständig verschwelen* und infolgedessen eine Luft
in den Zimmern herrschen, die unerträglich wäre. Diese sog. amerikanischen Luftheizungen haben denn auch bereits recht viel Fiasko
erlebt, indem derartige Heizungsanlagen in vielen Häusern wieder
beseitigt und durch andere Anlagen ersetzt werden mußten, weil
eine gleichmäßige und angenehme Erwärmung nicht zu erzielen
war. Ein Hauptmangel jeder Luftheizung, nämlich derjenige,
daß die Erwärmung der einzelnen Räume von der jeweilig herrschenden Windrichtung abhängt, haftet auch dem amerikanischen
System an, und kann nur einigermaßen gemildert werden, wenn
mit *recht hohen Temperaturen* geheizt wird. Sie sind jedoch der
Staubverschwelung wegen zu verwerfen. Ich rate daher jedem,
der einen Neubau aufführt, sich ernstlich zu überlegen, ob er von
dieser sog. *neuen*, in Wirklichkeit aber recht *alten Luftheizung*
Anwendung machen will.

Im übrigen seien Interessenten auf eine Schrift verwiesen,
welche unter dem Titel „Zur Abwehr der amerikanischen Luftheizung" im Verlage des Ingenieurbureaus Erwin Herz in Dresden
erschienen ist.

Aus der hierauf folgenden Entgegnung der betreffenden Firma
soll zunächst hervorgehoben werden, daß selbe die von Herrn
Professor Nußbaum mit *200⁰* C bezifferte Heizlufttemperatur —
für den Betrieb ihrer Anlagen — durchaus nicht *ausreichend* erkennt, sondern solche *selbst viel höher* beziffert. — Ferner ver-
wahrt sich die Firma gegen den Vorwurf, daß *ihre* Anlagen vielfach
Fiasko gemacht hätten, denn es seien von den auf *1000* Anlagen (?)
bezifferten Ausführungen nur *1%* (?) mangelhaft gewesen. Es
könne sich überdies der Angriff des Herrn Professors nur auf ihre
Firma beziehen (nämlich die Firma Schwarzhaupt, Spiecker & Co.
D. V.), da sie die *einzige* sei, welche in *ganz Europa* amerikanische
Luftheizungen ausführe.

Zu diesen Darlegungen sei erwähnt, daß die ziffermäßigen
Angaben über erfolgte Ausführungen sowohl als auch prozentuale
Bemessungen der selbst als *mangelhaft* anerkannten Anlagen,

mit Rücksicht auf die später in dieser Broschüre zu bringenden Angaben, berechtigt angezweifelt werden. Außerdem liegt dem Verfasser ein sehr reichhaltiges Material vor, aus dem hervorgeht, daß die Erwähnung *vielfacher mangelhafter* Ausführungen wohl sehr berechtigt sein dürfte, da fortgesetzt prozeßliche Austragungen wegen derartigen Anlagen stattfinden.

Zur Illustration solcher Prozesse soll hier z. B. angeführt werden: Eine amerikanische Heizanlage, durch die das ganze Haus eines Arztes verunziert wurde, und deren Heizeffekt vollständig versagte, war für M. *1600* abgeschlossen und hierauf M. *1000* Anzahlung geleistet worden. Die Verweigerung der Restzahlung führte zum Prozesse und dieser zu dem Urteile: „Der Arzt braucht die restlichen M. *600* nicht zu zahlen, dagegen verpflichtet sich die liefernde Firma in bar M. *1500* an den Arzt zu zahlen, wenn derselbe darauf verzichtet, daß die Anlage wieder herausgenommen werden soll."

Ferner ist es eine Unwahrheit, daß die Firma Schwarzhaupt, Spiecker & Co. die *einzige* ist, die in *Europa* Luftheizungen nach dem amerikanischen System baut, denn allein in Deutschland bestehen *mehrere Firmen*, welche, ganz unabhängig von ersterer, derartige Anlagen installieren.

Eine „Neuerung und Verbesserung" des amerikanischen Systems soll die Ausführung von Rohrleitungen aus galvanisch verzinkten Blechrohren anstatt der sonst üblichen gemauerten Kanäle für die Zuführung der Heizluft nach den zu erwärmenden Räumen sein. Ebenso wird die Konstruktion des Calorifères, der die früher stets angewendete, leicht zugängliche „Heizkammer" ersetzt, als „Neuerung und Verbesserung" der Ausführungsart beansprucht.

Es ist dem Fachmanne tatsächlich unverständlich, wie derartige, allerdings neuartige Herstellungen den Anspruch auf „Verbesserung" gegen früher übliche Ausführungen und Heizapparatkonstruktionen erheben kann. Selbst in der Ausführung von Heizluftleitungen aus Metallblechröhren kann — ganz abgesehen von der überflüssigen Verteuerung der Anlagekosten — fast keinerlei Vorzug gegen solid hergestellte Mauerungskanäle erkannt werden. Blechrohrleitungen sind, trotz der galvanischen Verzinkung, der Abrostung und anderen chemischen Beeinflussungen unterworfen, lassen sich weit schwieriger reinigen als glatte Mauerkanäle, schmälern, sofern sie in Mauerwände eingebettet werden, einen regelrechten Verband und damit die Stabilität des Gebäudes und verunzieren alle Räumlichkeiten, durch welche solche unförmlich weite Rohre geführt werden müssen. Außerdem ergibt die Verwendung von Blechrohren (Rietschel I, S. 354) große, sehr zweckwidrige Wärmeverluste, wenn solche Leitungen durch ungeheizte Räume hindurchgehen, wie dies z. B. durch die Führung der Heizrohre im Kellergeschosse bedingt wird.

Ferner wird noch darauf hingewiesen, daß die Anwendung von metallenen Luftleitungen im Zusammenhange mit dem Wegfalle einer schalldämpfenden Heizkammer zur Folge hat, daß alle Geräusche aus der Umgebung des Heizapparates höchst störend nach den angeschlossenen Räumen und umgekehrt, sowie auch von Raum zu Raum übertragen werden. — Dies hat zwar den Vorteil, daß Haustelephonanlagen entfallen können, wurde aber von den Besitzern solcher Heizanlagen durchaus als keinerlei Annehmlichkeit empfunden. —

Noch weniger aber kann in der Konstruktion des Heizapparates irgendein Vorzug gegen früher Bestandenes erkannt werden. Ganz im Gegenteil ist die Ausführung als eine solche zu erkennen, die, allen fortschrittlichen Errungenschaften hohnsprechend, derartige Mängel aufweist, wie sie keiner der jemals in Deutschland verwendeten Calorifères-Konstruktionen anhaftete. Blieb man hier, wie bereits erwähnt, bemüht, die Heizapparate derartig zu konstruieren, daß die Heizflächentemperatur möglichst herabgedrückt, mindestens aber bis zu einer maximalen Grenztemperatur vor Überschreitungen gesichert ist, so verwendet dagegen das amerikanische System einen gußeisernen Füllofen ohne jedes Schamottefutter, dessen Heizflächentemperatur also in keiner Weise begrenzt, ja bis zur *Rotglut* gesteigert werden kann.

(Der Vertreter einer Firma, welcher im Jahre 1908 alle Großstädte Deutschlands bereiste und Vorträge mit Lichtbildervorführungen über das amerikanische Luftheizungssystem hielt, nahm für seine vertretene Heizofenkonstruktion — mit ausschließlicher Verwendung von Schmiedeeisen — deshalb ganz besondere Vorzüge in Anspruch, weil dieses Material die „*Rotglut besser vertrage als Gußeisen*".)

Dabei trifft man außerdem noch die ganz zweckwidrige Anordnung, die eintretende Heizluft in möglichst innige Berührung mit den überhitzten Ofenflächen zu bringen, weil der Zwischenraum zwischen Ofen und dem angeordneten Metallmantel zum Teile nur sehr gering ist.

Die Heizluft wird bei einer derartigen Bauart, entgegen den hygienischen Anforderungen, sehr heiß werden und der Staubverkohlung wird im höchsten Grade Vorschub geleistet. — Beachtet man nun, daß die an dem Calorifère vorbeiströmende Luft zum größten Teile aus den Treppenhäusern bzw. den Vorsälen in den Heizraum zurückkehrt, daß sie sonach sehr leicht den dort hineingetragenen Straßenstaub und Unrat mit sich führt, so wird die Gefahr der Luftverschlechterung bei dieser Art Heizung noch viel deutlicher erkennbar.

Außerdem wird die Heizluft bei dieser Durchführung bis zu einer solchen Grenze relativ ausgetrocknet, daß die vorgesehene „Wasserverdunstungseinrichtung" *nicht im entferntesten* dann zur geforderten Sättigung der Luft ausreicht, wenn die Heizung, wie irreleitend angegeben wird, als „Ventilationsheizung" betrieben werden würde. — (Rietschel I, S. 34, 37 und 363.)

Wie weit es nach solcher Klarlegung verantwortet werden kann, daß eine, wie vorbeschrieben ausgestattete, prinzipiell fast nur mit **„Zirkulationsheizung"** oder ganz *mangelhafter Ventilationswirkung* betriebene Feuerluftheizung den Anspruch auf „Neuerung und Verbesserung" erhebt, muß den Vertretern dieses amerikanischen Systems überlassen bleiben.

Das Urteil unserer deutschen Heizungstechniker wird dahin gehen, daß die „amerikanische Heizung" keinerlei Verbesserungen der „Luftheizung" erkennen läßt, wohl aber Mängel aufweist, die dieselbe zu einer *höchst rückschrittlichen Neuerung* stempeln, von deren Verwendung, namentlich für bewohnte Räume, unter allen Umständen nur *dringendst abzuraten* ist.

Es gehört in der Tat mehr als Mut und geschäftliche Routine dazu, ein von den hervorragendsten Vertretern einer deutschen Sonderindustrie für die meisten Verwendungszwecke längst als veraltet angesehenes und deshalb zurückgewiesenes Heizsystem unter dem Anschein einer ausländischen „Verbesserung" in Deutschland einführen zu wollen.

Mit welchen Mitteln man kämpft, um zu irgendeinem nennenswerten Erfolg zur Einführung des Systems in Deutschland zu gelangen, geht aus vorliegenden Bewerbungsschreiben und Prospekten der betreffenden Unternehmer hervor, aus denen nachstehendes veröffentlicht werden soll:

Es heißt da u. a. bei der Anerbietung zur Herstellung einer „*hygienischen Warmluftheizung*", daß mit dieser Heizungsart einer „*neuen Ära*" in der Beheizung speziell des Einzelhauses entgegengeschritten werde, da solche die *einzige* und *einwandfreieste*, weil *hygienisch* die *beste* Ausführung einer Zentralheizung sei, bei der die Bewohner des Hauses davor bewahrt bleiben, die vielen hygie-nischen und *anderen Mängel* zu ertragen, welche den hier bisher bevorzugten Systemen der „Warmwasser- und Dampfheizungen" anhafteten. Man sei durch die Annahme des angebotenen Systemes nicht in die Lage gebracht, zur Ofenheizung zurückzukehren, wozu auch entschieden Neigung vorhanden gewesen sei, was ohne die Erfindung der amerikanischen Luftheizung, mit Rücksicht auf die Unbequemlichkeiten und *Gefahren aller übrigen Zentral-heizungssysteme* der Fall sein würde!! — Weiter wird es als ein besonderer Vorzug hingestellt, daß die *höchst vorteilhafte Ofen-konstruktion* (?) es ermögliche, an jedem Heiztage je nach Er-fordernis den Heizapparat *neu* anzubrennen, wonach dann in **10 Minuten** (!!) das ganze Haus vollständig genügend durchwärmt sei, während solche Erwärmung bei Dampf- und Warmwasser-heizung *bekanntermaßen einen halben Tag* und *länger* dauere und überdies die betreffenden Kesselanlagen im *Herbste angebrannt und Tag wie Nacht fortgesetzt durch die ganze Winterheizperiode in Betrieb erhalten bleiben müßten*, auch wenn dazwischen wärmere Tage liegen sollten, da sonst *große Verschwendung* von *Brennmaterialien* eintrete.

In einem weiteren dem Schreiber dieser Zeilen vorliegenden Briefe wird wiederholt darauf hingewiesen, daß die Warmluft-heizungen schon früher existiert, aber sich *nicht* als *brauchbar* er-wiesen hätten. Der Grund hierfür sei *lediglich* die Wahl *falschen Materiales für den Ofen* und die *Zuführungsrohre* gewesen. Nach-dem jedoch diese Wahl in technisch korrekter Weise (!) vervoll-kommnet und geregelt wurde, sei das amerikanische Warmluft-system, welches überdies *nur fortgesetzt frische, staubfreie* und *ge-sunde Luft* (?!) nach den Wohnräumen führe, *allen anderen Heiz-systemen überlegen!*

Einem Interessenten, welcher angefragt hatte, wo er sich zu seiner vorherigen Information eine nach dem amerikanischen Systeme hergestellte Luftheizung ansehen könne, wurde zur Be-dingung gemacht, früher seinen Plan zu unterbreiten, damit daraus ermessen werden könne, ob sich das betreffende Haus für die Ein-richtung des Systemes eigne. (Dies offenbar um zu erkennen, ob es die Grundrißgestaltung möglich macht, einen „Zirkulations-betrieb" herzustellen. D. V.) Später erhielt derselbe das Angebot, sein Haus mit einer „Frischluft-Ventilationsheizung" zu versehen, welches System wegen seiner hygienischen und praktischen Vor-züge in Amerika in kurzer Zeit die **gesundheitsschädlichen** *Warm-wasser-* und *Dampfniederdruckheizungen*, ja sogar teils die *Ofen-*

Heizung gänzlich verdrängt habe. Des weiteren wird gesagt, daß das neue Warmluftheizsystem *in keiner Weise identisch* mit den bisher ausgeführten Luftheizungen sei, denn durch dasselbe werde den Räumen stets nur frische, staubfreie und befeuchtete Außenluft zugeführt und die verbrauchte Innenluft verdrängt u. v. a. m.

Als höchst bezeichnend für den wahren Wert solcher Ausführungen muß es befunden werden, daß nach einem dem Schreiber vorliegenden Prospekte *dieselbe* Firma, welche in der vorstehenden Weise z. B. die „Warmwasserheizung" als *gesundheitsschädlich* und mit den größten Mängeln behaftet bezeichnet, *gleichzeitig* die *Ausführung* von „*Warmwasserheizanlagen*" übernimmt und in ähnlicher Weise bevorzugend anpreist.

Ein Architekt im Rheinlande hatte ein Bewerbungszirkular zur Einrichtung einer amerikanischen Luftheizung erhalten und stellte dieses mit dem Bemerken zurück, daß, nachdem er die Broschüre „Zur Abwehr" und das gerichtliche Gutachten über eine verunglückte derartige Heizung im Hause eines Bekannten gelesen, — rechtzeitig vor diesem Heizungssysteme gewarnt sei, und daß er auf den angebotenen Besuch eines Vertreters betreffender Firma verzichte. — Hierauf erhielt er ein Schreiben, worin u. a. folgendes ausgeführt wurde: „Das, was Herz in der Broschüre gesagt habe, sei der Ausfluß der *gemeinsten*, wohl je vorgekommenen absichtlichen Herabsetzung einer *hervorragenden* Sache. Dem Verfasser wie seinen Gesinnungsgenossen werde durch gerichtliche Verfolgung bewiesen werden, daß es bestraft würde, derartigen „*unlauteren Wettbewerb*" zu betreiben. — Alle die niedrigen Verdächtigungen könnten den Vertretern des amerikanischen Systems, **welches unbedingt die Heizung der Zukunft sei,** gar nichts mehr anhaben und sei nur Beweis dafür, daß man die Bedeutung des *neuen Heizsystemes* wohl sehr würdige. — Die vielen Zeugnisse, welche man besitze —, die nicht von Bauunternehmern ausgingen, — sondern von ausschließlich gebildeten Villenbesitzern ausgestellt wären, würden betreffenden Architekten beweisen, daß er einer *Mystifikation* zum Opfer geworden sei. Man wisse aus Erfahrung, daß solche Leute, die sich von der vertretenen *guten Sache* jetzt nicht überzeugen lassen wollten, später doch auf selbe zurückkämen. Es komme deshalb — bei der gegenwärtig so regen Beschäftigung — auf eine momentane Auftragserteilung mehr oder weniger gar nicht an.

Interessant und bezeichnend für die Glaubhaftigkeit der zur Propaganda herausgegebenen Druckschriften sind auch die hierin abweichenden Angaben über die bisherige Verbreitung des amerikanischen Luftheizungssystemes.

Nach einem solchen Prospekt wird die Anzahl der in Amerika bestehenden Anlagen auf mehrere Millionen (!!) bemessen. Ein anderes Mal werden die Gesamtausführungen mit 50 000 und in einem Briefe vom Jahre 1908 diejenigen in Deutschland mit rund 600 (?) angegeben, während nach Prospekten desselben Jahres letztere Zahl über 1000 betragen soll.

Man fragt sich beim Lesen derartiger Reklameblüten unwillkürlich, ob es denn möglich ist, daß die Verfasser solcher Unwahrheiten und Entstellungen wirklich so wenig Fachkenntnisse von dem eigenen und allen anderen Heizsystemen haben oder ob sie mit Stützung auf den Grundsatz „Der Zweck heiligt die Mittel" für statthaft halten ein Verfahren zu wählen, welches schon längst die gesetzlichen Grenzen überschreitet, die in Deutschland sowohl die Form als auch den Inhalt geschäftlicher Anpreisungen regeln. — Man kommt dabei zu der Überzeugung, daß es im öffentlichen Interesse gelegen ist, ein derartiges Rühren der Reklametrommel energisch zurückzuweisen, weil es den soliden Grundsätzen unserer deutschen Geschäftsgebarung entgegensteht.

Für noch viel unverständlicher, ja geradezu als auffallend aber muß es befunden werden, daß sich — trotz der vielfachen vorstehend besprochenen Mangelhaftigkeiten des amerikanischen Heizungssystemes — noch immer, anscheinend dem geschäftlichen Vertriebe vollständig fernstehende Persönlichkeiten — selbst in bevorzugter sozialer Stellung — finden, die mit solcher Wärme und Begeisterung, ja selbst persönlicher Aufopferung für dieses System eintreten, als gelte es der Welt einen Kulturfortschritt zu retten, der unersetzlich sei und dessen Verlust nur zum offenbaren Rückschritt führen müsse. — Ein derartig begeisterter Anhänger und Verteidiger des amerikanischen Luftheizungssystemes ist z. B. der Kgl. Brunnenarzt Herr *Dr. med. W. Scheibe* in *Bad Steben-Bayern*, der nicht nur mit langen Zeitungsartikeln zur Anpreisung des verherrlichten Systemes in die Öffentlichkeit getreten ist, sondern es sogar unternommen hat, eine selbständige Broschüre: „*Die Zentralheizung für das Einfamilienhaus*" herausgegeben, die dazu dienen soll — von seinem Laienstandpunkt aus —, das bekämpfte System zu empfehlen. — Es kann auf diese Publikationen hier nicht näher eingegangen werden; damit jedoch diejenigen Interessenten, welchen eventuell die genannte Broschüre zur Empfehlung des amerikanischen Systemes zugängig gemacht wird, sich leichter ein persönliches Urteil über deren sachlichen Wert bilden können, möge an dieser Stelle eine Besprechung der Broschüre wiedergegeben werden, welche über Veranlassung des „*Verbandes Deutscher Zentralheizungsindustrieller. E. V.*" in der Nr. 14, Jahrgang 1909, der Fachzeitschrift „Der Gesundheitsingenieur" Aufnahme gefunden hat:

„Man macht nicht selten die Wahrnehmung, daß Menschen den Beruf fühlen über Dinge zu schreiben, von denen sie nichts verstehen, wie in dem vorstehend genannten Buche, in welchem der Verfasser Seite 5 selbst offen erklärt: „Ich bin weder Interessent noch *Fachmann in der Heizungstechnik.*"

„Mit einem durch Fachkenntnis nicht getrübten Blick spricht er in hohen Tönen von der Zweckmäßigkeit der Luftheizung für Einfamilienhäuser. Wenn er die Frage, welches Heizsystem für Häuser solcher Art das beste ist, sachlich und nicht vom Parteistandpunkt aus hätte kritisch beleuchten wollen, so wäre unbedingt erforderlich gewesen, beide Parteien mit gleichem Maße zu messen. Damit steht das Bekenntnis des Verfassers auf Seite 7 in schlechtem Einklange, welches lautet: „Es soll mir dabei ganz fern liegen, die Dampf- und Warmwasserheizung irgendwie schlecht machen oder herabsetzen zu wollen; *aus eigener dauernder Erfahrung kenne ich beide nicht!*" Nachdem sich der Verfasser ein fachmännisches Urteil über Heizungsanlagen abspricht, aus eigener Anschauung nur *eine* Luftheizung kennt, so vermag man daraus zur Genüge das Niveau der ganzen Arbeit einzuschätzen; es lohnt·sich aus diesem Grunde nicht, auf alle Widersprüche und Unrichtigkeiten einzugehen."

„Wenn Verfasser auf Seite 14 seiner Broschüre die Luftheizung für „*staubige* und *rußige* Großstadtstraßen" als die empfehlenswerteste anpreist, „um die Zimmer permanent mit *frischer, gesunder* Luft zu versehen," so darf es nicht wundernehmen, wenn auch seine Fähigkeiten auf seinem ureigensten Gebiete der Hygiene berechtigten Zweifeln begegnen. — Daß Luftfilter übelriechende Gase usw. nicht absorbieren, auch für die in Frage kommenden Anlagen nicht staub- und rußfrei hergestellt werden können, das sollte ein Arzt wissen, der für sich „kompetente Urteile" in Anspruch nimmt."

„Nicht unbeachtet sei der am Schlusse gegebene Rat, um mit einer Luftheizung wirklich zufrieden zu sein, soll sich jeder Besitzer selbst mit der Wirkungsweise vertraut zu machen, darin liege das einzige Geheimnis. Es fehlt nur noch die Bestimmung,

daß Leute von einem bestimmten Bildungsniveau abwärts überhaupt von Luftheizungen absehen sollen. Wenn es wirklich aka-
demisch gebildeten Menschen durch persönliches Eingreifen ge-
lingt, zufriedenstellende Heizresultate bei einer Luftheizung herbeizuführen, dann bewahrheitet sich der Satz, daß hervorragende
Künstler auch mit einem schlechten Bleistifte brauchbare Zeich-
nungen machen können."

„Es ist betrübend, daß durch eine maßlose Reklame sowie
durch schriftstellerische Leistungen vorliegender Art einem Heizungssysteme Verbreitung verschafft wird, das für den empfohlenen
Ort in wenig Fällen paßt. Bei einem Umsatze der deutschen Zentralheizungsindustrie von 40 bis 50 Millionen im Jahre ist es für diese
an sich gleichgültig, ob für einige hunderttausend Mark Luftheizungen
gebaut werden oder nicht, zumal vielfach Gebäude damit versehen
werden, für welche andere, sachgemäße Zentralheizungen wegen
der höheren Kosten ohnehin nicht ausgeführt würden. — Der
Schaden liegt vielmehr darin, daß in kürzerer oder längerer Zeit
ein Rückschlag eintritt, der nicht die Reklamehelden der Luftheizung trifft, sondern die Zentralheizungsindustrie im allgemeinen
belastet. — Die seit wenigen Jahren bestehenden Luftheizungen
kommen bald in das Stadium ernster Reparaturbedürftigkeit. —
Zu spät erkannte Defekte können zu Rauchgas- oder Kohlenoxyd-
gasvergiftungen führen, hauptsächlich bei Witterungsumschlägen,
bei welchen wir auch an unseren gewöhnlichen Zimmeröfen einen
Rückschlag des Rauches bemerken, welcher — bei Nacht un-
beobachtet — auch in die Schlafzimmer der mit Luftheizung ver-
sehenen Villen eindringt."

„Es ist daher zu begrüßen, daß in mehrfachen Prozessen neuesten
Datums produzierte Gutachten erster Autoritäten dazu führen
werden, die als unlauterer Wettbewerb bezeichnete Reklame der
hier in Frage kommenden Firma auf das zulässige Maß zurückzuführen."

Daß selbst die schlechtesten und verhängnisvollsten Erfahrungen, die mit dem Systeme der amerikanischen Luftheizung
gemacht wurden, deren begeisterte Anhänger nicht zurückschrecken
können, hat Verfasser in einem Falle kennen gelernt, bei dem das
Leben oder doch die Gesundheit mehrerer Menschen durch eine
Luftheizanlage der Firma „Schwarzhaupt, Spicker & Co." bedroht
worden war. — Die über den Vorfall erbetenen Aufschlüsse bei dem
Besitzer, dem stellvertretenden Bürgermeister einer rheinländischen
Stadt, wurden in diesem Falle ausnahmsweise bereitwilligst er-

teilt, und zwar offensichtlich deshalb, um das verhängnisvolle Vorkommnis möglichst harmlos erscheinen zu lassen. — Nach diesem Berichte war der untere Teil des Heizapparates, was *mehrere Tage unbemerkt* geblieben war, oberhalb des Rostes gesprungen; hierdurch sollen die giftigen Gase in die Heizluft und mit dieser in die Schlafräume gelangt sein, wodurch der Besitzer (der gewordene Bericht besagte die ganze Familie. D. V.) allerdings — wie zugegeben wird — beinahe vergiftet worden wäre. „Ein Sprung an dem Heizapparate," so heißt es in dem Berichte, „gehöre doch wohl zu den „*Kinderkrankheiten*", die bei jeden Heizungssysteme vorkommen und für welche man dieses nicht verantwortlich machen könne usw." Des Besitzers gute Meinung von dem Systeme und der Kulanz der ausführenden Firma, die alles aufgeboten habe, den kleinen Schaden durch eiligste Beschaffung eines Ersatzteiles in wenigen Tagen zu beheben, sei durch den Vorfall in keiner Weise erschüttert, so daß er demnächst eine gleiche Anlage auch in der Villa seines Sohnes einbauen lassen werde." — Jeder Schaden macht klug!! —

Zur Illustration der fortgesetzt in den verschiedensten Zeitschriften erscheinenden Reklameartikel und zur Kennzeichnung der Schwierigkeiten, solche durch Entgegnungen abzuschwächen, soll das Nachstehende angeführt werden:

„Verfasser hatte den Reklameartikel eines Blattes zugeschickt erhalten, der mit einem in der Fachwelt nicht bekannten Namen unterzeichnet war, in seinem Schreiben an die betreffende Redaktion bezweifelt, daß betreffender Artikel von einem Fachmanne verfaßt sei und um Aufnahme einer Berichtigung gebeten. Hierauf wurde ihm die Mitteilung, daß der aufgenommene Artikel von der Firma „Schwarzhaupt, Spicker & Co." herrühre und der aufgenommene Name der desjenigen Redakteurs des Blattes sei, welcher den Artikel auf seine „Druckfähigkeit" geprüft bzw. korrigiert und umgearbeitet habe. — Zur Aufnahme einer Entgegnung habe die Redaktion deshalb keine Veranlassung, weil der Artikel in einer Abteilung des Blattes aufgenommen worden sei, für welche sie keine Verantwortung übernehme."

Da solche und ähnliche Abweisungsgründe die Aufnahme irgendeiner öffentlichen Entgegnung auf alle die fortgesetzt in den verschiedensten Zeitschriften und Tagesblättern erscheinenden Reklameartikel für das amerikanische Luftheizungssystem beinahe zur Unmöglichkeit macht, der hauptsächlichste Inhalt solcher Veröffentlichungen aber immer auf dasselbe, nämlich eine in der aufdringlichsten und übertriebensten Form gegebene Anpreisung des Luftheizsystems durch wahrheitswidrige Behauptungen hinausläuft; soll nachstehend eine möglichst allgemein gefaßte Entgegnung zu dem Zwecke aufgenommen werden, die durch solche Reklameartikel befangenen Interessenten auf solche verweisen zu können:

„*Irreleitende Propaganda für das amerikanische Luftheizungssystem!* — In mehrfachen, über die verschiedenst gelegenen Distrikte des Deutschen Reiches verbreiteten Zeitungen und Tagesblättern — vor allem aber den Fachzeitschriften für *Handel* und *Spezialindustrien* — findet man in neuerer und jüngster Zeit längere *Reklameartikel* verbreitet, die zumeist nach Form und Inhalt als *Begleitschreiben* zu den gleichzeitig erscheinenden Anpreisungen eines in den meisten Fällen ganz zweckwidrigen Zentralheizungssystems, der sogenannten „*Amerikanischen Luftheizung*", aufzufassen sind.

„Wenn die Schriftleitungen betreffender Zeitschriften bisher keinen Anstand nehmen, solche direkte oder indirekte „*Propagandaartikel*" der Vertreter dieses ausländischen, amerikanischen Heizsystemes zu veröffentlichen, so kann ihnen hieraus deshalb kein Vorwurf gemacht werden, weil ihnen die technischen Wesenheiten dieses Systemes und die Nachteile desselben gegenüber anderen, bewährten Zentralheizungssystemen nicht genügend bekannt sind. — Außerdem werden von den Verfassern betreffender Artikel meist Scheinbeweise für angebliche Vorzüge der vertretenen Heizungsweise angeführt, die — vom Laienstandpunkte aus — ebensowenig kontrollierbar bleiben, als der Hinweis auf Atteste über angeblich dauernd zufriedenstellende Ausführungen solcher Luftheizungsanlagen. — Schließlich werden solche Anlagen unter den verschiedensten Benennungen wie z. B. „*Verbesserte Zentralluftheizung*", „*Frischluft-Ventilationsheizung*", „*Hygienische Warmluftheizung*" u. a. m. angeführt, so daß es dem Nichteingeweihten nicht sogleich ersichtlich wird, daß man unter allen solchen Bezeichnungen nur immer das System einer „*amerikanischen Luftheizung*" zu verstehen hat."

„Da nun aber solche Propagandaartikel der Vertreter des amerikanischen Luftheizungssystems, ebenso wie die in den verschiedensten Zeitschriften periodisch erscheinenden Ankündigungen für dasselbe dazu geeignet sind, ganz irrige Anschauungen über den wahren Wert der empfohlenen Beheizungsart zu verbreiten und hierdurch interessierte Leser sehr empfindlich geschädigt werden können, hat es der Inhaber des ,*Ingenieurbureaus, Erwin*

Herz in Dresden-A. 19‘ bereits im Jahre 1908 unternommen, eine aufklärende Broschüre: *„Zur Abwehr der amerikanischen Luftheizung"* zu verfassen, die gegenwärtig in der dritten vermehrten Auflage vorliegt."

„Nachdem es der verfügbare Raum dieser Zeitschrift nicht gestattet — selbst auszugsweise — auf die in jeder Hinsicht sachlich gehaltene, für jeden Laien verständlich geschriebene Broschüre des näheren einzugehen, müssen wir uns damit begnügen, auf selbe zunächst empfehlend hinzuweisen und führen zur Ersichtlichmachung des damit erlangten Erfolges u. a. das Nachstehende an:

„Nach dem Erscheinen der Broschüre: „Zur Abwehr...", 1. Aufl., 1908, strengte die Firma *„Schwarzhaupt, Spiecker & Co., G. m. b. H., in Frankfurt und St. Goar a. Rh.",* welche Firma als hauptsächliche Vertreterin des amerikanischen Luftheizungssystems in Frage kommt, Klage gegen den Verfasser der Broschüre wegen angeblich *„unlauterem Wettbewerbe"* an und stellte Antrag auf Beschlagnahme und Untersagung der weiteren Verbreitung betreffender Veröffentlichung. — Dieser Prozeß kam vor dem Kgl. Landgerichte Dresden zur Verhandlung und endete — nach langjähriger Dauer — mit der Zurückweisung der Klage sowie kostenlosen Freisprechung des Beklagten."

Der Verfasser hatte u. a. vor allen Dingen durch seine Darstellungen einwandfrei nachgewiesen, daß die angebliche *neue* und *verbesserte amerikanische Luftheizung* durchaus nicht als eine „Neuerung", noch weniger aber als eine „Verbesserung" des in Deutschland längst für die meisten Fälle als veraltet zu befindenden „Feuer-Luftheizungssystems" anzusehen, sondern als eine augenfällige Verschlechterung desselben zu erachten sei, und die Art der Reklame, durch welche die Vertreter einem solchen, für die meisten Verwendungszwecke ungeeigneten, mangelhaften Heizungssysteme Eingang zu verschaffen suchten, als eine *irreleitende,* nach Form und Inhalt *verwerfliche* bezeichnet, da u. a. die in den Vordergrund gestellten angeblichen *hygienischen* Vorzüge gegenüber anderen, hier üblichen Zentralheizungen in Wahrheit nicht beständen, sondern im Gegenteil das amerikanische Luftheizsystem — vom *hygienischen* Standpunkte aus — zur Beheizung bewohnter Räume als ganz und gar ungeeignet zu befinden sei und deshalb gesagt, daß von der Wahl eines solchen Systems für *Villen* und *Einfamilienhäuser* nur *dringendst abgeraten* werden müsse usw.

Daß solche Ausführungen und Anschauungen des Verfassers der Broschüre *„Zur Abwehr",* die übrigens durch die ersten Kapazi-

täten der Gesundheitspflege und Heizungstechnik übereinstimmend
bestätigt werden, vollständig richtig und deren Veröffentlichung
zur Wahrung besonderer Interessen berechtigt war, geht nun des
weiteren klar ersichtlich aus den Urteilsbegründungen des „Kgl.
Landgerichtes Dresden" hervor, aus denen nachstehendes — ohne
jeden Kommentar — auszugsweise, wörtlich angeführt werden soll:
    „Hingegen enthalten die beiden Flugschriften *der Klägerin*,
in denen sie ihre Luftheizung anpreist, *Behauptungen*, die nach
dem Gutachten des Sachverständigen als *unrichtig* zu bezeichnen
sind. So die Behauptung: „*Die einzige hygienische vollkommene
Heizung ist die verbesserte* (amerikanische) *Luftheizung*"; die Luftheizung sei von den berühmtesten Ärzten als die *einzig richtige*
Heizungsart bezeichnet worden; die neue Zentralheizung vereinigt
gegenüber den recht erheblichen Mängeln der Dampf- und Warm-
wasserheizungen alle Vorteile einer wirklich hygienisch vollkommenen
Heizung in sich, sie sei unentbehrlich und unersetzlich für das
Einfamilienhaus, für das sie wegen ihrer hygienischen Vorzüge
berufen sei, in Zukunft jede andere Heizungsart zu verdrängen." ...
    „Ein Heizungssystem, das (wie das der Klägerin) die Gefahr
in sich birgt, daß die *sehr giftigen Kohlenoxydgase* in die zu heizenden Räume eindringen, und dadurch die Bewohner einer *Vergiftung*
aussetzt, muß bei allen gewissenhaften Menschen auf erhebliche
Bedenken stoßen und hat keinen Anspruch darauf, daß es andere
Systeme, die diese Gefahr *nicht* mit sich bringen, verdränge." ...
    „Indem die Klägerin ihre Leistungen *besser hinstellte*, als sie
waren, schuf sie *ein unlauteres Wettbewerbverhältnis*, denn sie bot
den Kunden eine — alle anderen Systeme *überragende* — Heizung
an, für deren zugesicherte Eigenschaften sie wegen der *Mängel
des Systems* nicht einstehen konnte. — Demgegenüber war der
Beklagte als Konkurrent berechtigt, durch seine — wie sich ergeben hat — *zutreffende* und *wahrheitsgetreue Kritik und Beurteilung*
der gegnerischen Leistungen die Behauptungen der Klägerin auf
den *wahren* Sachstand zurückzuführen und dadurch den *unlauteren
Wettbewerb abzuwehren*. Daß er sich hierbei der Redewendung
bediente, die Ausführung des Heizapparates der Klägerin sei eine
solche, *die allen fortschrittlichen Errungenschaften Hohn spreche*,
kann ihm gegenüber den *starken* Übertreibungen und *unrichtigen*
Behauptungen der Klägerin nicht verdacht werden" u. v. a. m.
    Aus diesen wenigen, auszugsweise wiedergegebenen Begrün-
dungen der Klageabweisung durch das Kgl. Landgericht Dresden
geht klar ersichtlich hervor, daß die in der Abwehrbroschüre des

Beklagten enthaltenen Beurteilungen des amerikanischen Luftheizsystems sowie der zur Einführung eines solchen, als verwerflich
gekennzeichneten Reklamen sehr berechtigte waren und auch die
Anschauungen des Verfassers über die einschränkende Verwertbarkeit eines solchen Systems durchaus richtige sind.

„Es soll hierzu nur noch erwähnt werden, daß auch der gesamte Urteilstext des Kgl. Landgerichts Dresden sowie das hierbei
herangezogene Gutachten eines hervorragenden Sachverständigen
als Broschüre im Druck erschienen ist und allen Interessenten
zu ihrer noch besseren Information zur Verfügung steht.

„Da die richtige Wahl eines zu verwendenden Heizsystems
bei der Entschließung zur Installation einer Zentralheizungsanlage
von größter Wichtigkeit ist, hierbei bereits von vornherein Mißgriffe
vorkommen können, die später nur äußerst schwierig oder auch
niemals vollständig zu beheben sind, ist dringendst dazu zu raten,
die Projektsbearbeitung und Ausführung solcher Anlagen ver-
trauensvoll einer der vielen leistungsfähigen Firmen zu übertragen,
die sich mit der Installation von Zentralheizungsanlagen nach
allen brauchbaren Systemen befaßt und deshalb in der Lage ist, mit
Berücksichtigung aller zu erwägenden Verhältnisse das zweck-
entsprechendste System zur Durchführung zu bringen.

„Wir hoffen durch vorstehende Darlegungen unseren geehrten
Lesern nicht nur Gelegenheit zu bieten, sich ein selbständigeres
Urteil über den wahren Wert des in so aufdringlicher Form angepriesenen amerikanischen Luftheizungssystems zu verschaffen
und sie dadurch vor eventuellen Schädigungen zu bewahren, sondern
gleichzeitig die Mittel und Wege angegeben zu haben, die uns als
vorteilhaft für alle diejenigen Interessenten erschienen, welche in
die Lage kommen, sich für das eigene Heim, ihre industriellen
Unternehmungen oder für andere Beteiligte mit der Frage nach
einer möglichst zweckentsprechenden und in jeder Hinsicht zu-
friedenstellenden Heizeinrichtung befassen müssen.“

Neben den Schwierigkeiten, welchen man bei den Bemühungen
um Aufnahme von Entgegnungen auf die Reklameartikel der Vertreter des amerikanischen Luftheizsystems begegnet, die von diesen
direkt oder indirekt durch deren begeisterte Anhänger und andere
Mittelspersonen in die Öffentlichkeit gebracht werden, wird die
Zurückweisung solcher Anpreisungen und der Hinweis auf die
weit vorteilhafteren Systeme der *Warmwasser-, Dampf- und anderen
Zentralheizsysteme* aber auch dadurch wesentlich beeinträchtigt
und zu einem sehr wenig dankverheißenden Unternehmen herab-

gewürdigt, daß selbst Personen, von denen man eine solche Handlungsweise nicht erwarten sollte, nicht davor zurückschrecken, öffentlich beleidigend zu werden, wie dies durch nachstehendes ersichtlich gemacht werden soll:

„Von der Redaktion: „*Der praktische Landwirt, Magdeburg*" wurde dem Verfasser die süb. 129 dort eingegangene Frage zur Beantwortung überwiesen: „Welche Zentralheizung hat sich für ein zweistöckiges, unterkellertes Landhaus mit acht Wohnräumen, Bad und Mädchenstube am besten bewährt? Welche Erfahrungen liegen mit der *Frischluft-Ventilationsheizung* der Firma Schwarzhaupt, Spiecker & Co. in Frankfurt a. M. vor? — Die Frage wurde — mit Angabe seines Namens — vom Verfasser wie folgt beantwortet: „Für das Einfamilienhaus", zu welcher Baugruppierung das ,Landhaus' gehört, hat sich in jeder Hinsicht am vorteilhaftesten das Zentralheizsystem der „*Warmwasser-Niederdruckheizung*" bewährt. Die Erfahrungen, welche man mit der sog. „*Frischluft-Ventilationsheizung*" der Firma *Schwarzhaupt, Spiecker & Co.* gemacht hat, sind derart ungünstige, daß man von der Verwendung dieses ganz und gar veralteten Heizsystems, der sog. „*Feuerluftheizung*" zur Erwärmung bewohnter Räume nur dringendst abraten muß. — Obgleich dieses System auch: „*Neue verbesserte amerikanische Luftheizung*" genannt wird, sind bei demselben doch die praktischen und namentlich hygienischen Nachteile in meist verschärfter Form vorhanden, welche in Deutschland und anderwärts zur fast vollkommenen Ablehnung des „*Feuerluftheizungssystems*" geführt haben. — Als hauptsächliche, *praktische* Nachteile dieses Systems sind Brennstoffverschwendung, Unzuverlässigkeit des Heizbetriebes bei herrschenden Windströmungen sowie mangelhafte Regulierfähigkeit zu nennen; *hygienisch nachteilig* wirkt das System, weil die Heizluft an meist *glühenden* Heizflächen sehr hochgradig erwärmt, mit Destillationsprodukten geschwängert wird und außerdem — wie mehrfach erwiesen wurde — die große Gefahr einer **„Kohlenoxydgasvergiftung"** besteht."

Auf diese ganz sachliche Beantwortung schreibt der Brunnenarzt Herr *Dr. W. Scheibe* in Nr. 25 vom 23. Juni 1911 des „Praktischen Landwirtes" u. a. „Für ein Wohnhaus wie das in der Frage 129 beschriebene würde ich nach meinen Erfahrungen die Frischluftheizung der genannten Firma für durchaus geeignet halten und kann dem Herrn Fragesteller nur raten, sich durch derartige, *unzutreffende* und *offensichtig böswillige Entstellungen der Wahrheit*, wie in der erwähnten Antwort, nicht beeinflussen zu lassen." —

Es soll hierzu nur darauf hingewiesen werden, daß ganz abgesehen von dem Delikte der persönlichen, öffentlichen Beleidigungen, dieser Herr Doktor mit seinen Angriffen eine unberechtigte, strafbare Kritik an dem rechtskräftigen Urteile des *Kgl. Landgerichtes Dresden* übt, welches — wie vorstehend bereits erwähnt — u. a. entschieden hat: „Demgegenüber war der Beklagte berechtigt, durch seine — wie sich ergeben hat — *zutreffende* und **wahrheitsgetreue** *Kritik und Beurteilung der gegnerischen Leistungen* die Behauptungen der Klägerin auf den *wahren* Sachstand zurückzuführen und dadurch deren unlauteren Wettbewerb abzuwehren.

Wenn trotz all des Vorgesagten auch heute noch Feuerluftheizungen irgendeines, vor allen aber des angepriesenen „*Amerikanischen, verbesserten Systemes*" — für Villen und Einfamilienhäuser — zur Ausführung gelangen, so ist dies auf mangelnde, technische Fachkenntnis zurückzuführen; — und es ist Endzweck dieser längeren Darlegung, durch entsprechende sachdienliche Belehrung auch dem Nichtfachmanne seine Urteilsbildung über ein Heizsystem zu erleichtern, welches der Fachtechniker, wie erwähnt, längst zur Anwendung für die bei weitem *meisten* Fälle, als ungeeignet, irrationell und damit als veraltet und beseite gelegt erachtet.

Da sich die Propaganda zur Einführung des angepriesenen Systems u. a. auf Zeugnisse und lange Abhandlungen von einflußreichen Persönlichkeiten stützt, die sich dazu als berufen erkennen, heiztechnische Spezialfragen zu erörtern, soll zum Schlusse auf einen Ausspruch eines unserer bedeutendsten Hygieniker und Heizungsfachmänner, des Geheimen Regierungsrates Professor Dr. H. Rietschel, verwiesen werden. Professor Dr. Rietschel schreibt u. a. in seinem allen Fachleuten bekannten Werke „Leitfaden zum Berechnen und Entwerfen von Lüftungs- und Heizungsanlagen" in dem Kapitel über Luftheizungen: „Es ist überhaupt bedauerlich, daß häufig der Besitz einer Lüftungs- und Heizungsanlage den Laien dahin führt, sich als Sachverständiger zu fühlen und allgemeine, *meist gänzlich unrichtige Urteile* darüber abzugeben."